给孩子的昆虫记 2

GEI HAIZI DE KUNCHONG JI

勤劳的虫虫清道夫

〔法〕亨利·法布尔——著
浩君——编译

民主与建设出版社
·北京·

图书在版编目（CIP）数据

给孩子的昆虫记 . 勤劳的虫虫清道夫 /（法）亨利 · 法布尔著 ; 浩君编译 . -- 北京 : 民主与建设出版社，2023.1

ISBN 978-7-5139-4057-3

Ⅰ . ①给… Ⅱ . ①亨… ②浩… Ⅲ . ①昆虫－少儿读物 Ⅳ . ① Q96-49

中国版本图书馆 CIP 数据核字（2022）第 233373 号

给孩子的昆虫记 . 勤劳的虫虫清道夫

GEI HAIZI DE KUNCHONG JI. QINLAO DE CHONGCHONG QINGDAOFU

著　　者 〔法〕亨利 · 法布尔
编　　译 浩　君
责任编辑 顾客强
封面设计 博文斯创
出版发行 民主与建设出版社有限责任公司
电　　话 （010）59417747　59419778
社　　址 北京市海淀区西三环中路 10 号望海楼 E 座 7 层
邮　　编 100142
印　　刷 金世嘉元（唐山）印务有限公司
版　　次 2023 年 1 月第 1 版
印　　次 2023 年 1 月第 1 次印刷
开　　本 670 毫米 ×960 毫米　1/16
印　　张 8
字　　数 67 千字
书　　号 ISBN 978-7-5139-4057-3
定　　价 158.00 元（全 6 册）

目录

MULU

第一部分

粪球专家圣甲虫 1

圣甲虫运粪球 2

圣甲虫的宴会 8

圣甲虫的粪梨 14

圣甲虫的造型术 20

第二部分

粪金龟·负葬甲 27

粪金龟 28

米诺多蒂菲夫妻 34

米诺多蒂菲的家 39

法那斯米隆埋葬虫 45

负葬甲 51

负葬甲的工作 57

第三部分

昆虫界的好父母——蜣螂 63

西班牙粪蜣螂的母爱 64

野牛宽胸蜣螂 70

野牛宽胸蜣螂的建筑天赋 75

西绪福斯蜣螂 81

西绪福斯蜣螂父亲的本能 87

月形蜣螂 92

勤劳的月形蜣螂爸爸 98

侧裸蜣螂 104

第四部分

飞来飞去的讨厌鬼 109

绿　蝇 110

麻　蝇 115

反吐丽蝇 120

第一部分

粪球专家圣甲虫

有这样一种虫子，它们住在地下，但是时不时要出来寻找食物。它们的食物也很特殊——竟然是动物屁屁！吃屁屁就算了，它们还要把屁屁团成大球，再滚回家里吃，多不卫生呀！不过，多亏了这些勤劳的清道夫，不然大自然里就到处都是臭烘烘的屁屁了。

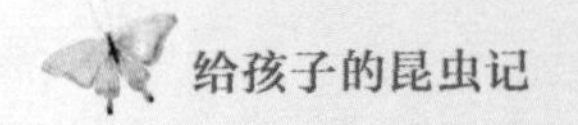

shèng jiǎ chóng yùn fèn qiú

圣甲虫运粪球

zài guǎng kuò de cǎo yuán shàng, yǒu shí hou yě huì fā
在广阔的草原上，有时候也会发
xiàn dòng wù de fèn biàn. zhè bù, qián miàn bù yuǎn chù jiù
现动物的粪便。这不，前面不远处就
yǒu yì duī xīn xiān de niú fèn.
有一堆新鲜的牛粪。

fāng yuán gōng lǐ nèi fèn xiāng sì yì, suǒ yǒu de shí
方圆1公里内粪香四溢，所有的食
fèn chóng dōu xún zhe zhè xiāng wèi gǎn guò lái. kàn, nà lǐ
粪虫都循着这香味赶过来。看，那里
yǒu yì zhī lái wǎn le de chóng zi, tā zhèng mài zhe xiǎo suì
有一只来晚了的虫子，它正迈着小碎
bù xiàng fèn duī zǒu guò lái. tā de cháng tuǐ shēng yìng yòu bèn
步向粪堆走过来。它的长腿生硬又笨
zhuō de xiàng qián yí dòng zhe, xiàng yì zhǒng jī xiè; hóng zōng
拙地向前移动着，像一种机械；红棕
sè de chù jiǎo xiàng shàn zi yí yàng zhāng kāi, zhè shuō míng tā
色的触角像扇子一样张开，这说明它

在担心食物不够分。终于，它挤倒了一些先来的食粪虫，抢先来到了粪堆旁边。它伸出强壮巨大的前足，一抱一抱地加工粪球。这浑身黝黑、粗大异常的家伙，是大名鼎鼎的圣甲虫。

圣甲虫把带锯齿的额突钻入粪堆里，挖出一块粪便，再把粪便聚拢到腹下的四条腿之间，用爪子把它们团到一起。就这样重复几次，一粒小小的粪丸在眨眼之间变成了苹果那么大的粪球。

食物制作好了，圣甲虫们就开始搬运了。它们用那两条长长的后腿抱着粪球，把足尖的爪子卡进粪球里作为旋转轴，两只中足用作支撑点，长着锯齿的前腿交替着地，头朝下身子朝上地倒着走。随着圣甲虫前进，粪球被压得越来越结实，也越来越圆了。

当然，事情总不会一帆风顺的。瞧，圣甲虫遇到了第一个困难。在翻越一个陡坡时，沉重的粪球顺着斜坡滚了下去，圣甲虫也被重物拖倒，翻了个跟头，六条腿冲着空中乱挥。不过它才不会轻易放弃，转眼间，它又

fān le guò lái bēn pǎo zhe qù bǎ fèn qiú zhuā zhù jué
翻了过来，奔跑着去把粪球抓住。倔
jiàng de shèng jiǎ chóng bú yuàn yì zǒu nà píng tǎn de gǔ dǐ
强的圣甲虫不愿意走那平坦的谷底，
tā yòu zhàn zài le xié pō qián zài yí cì kāi shǐ le tā
它又站在了斜坡前，再一次开始了它
de pān dēng tā xiǎo xīn yì yì de wǎng hòu tuì qiān xīn
的攀登。它小心翼翼地往后退，千辛
wàn kǔ de bǎ jù dà de fèn qiú tuī dào le yí dìng de gāo
万苦地把巨大的粪球推到了一定的高
dù kě shì yí gè bù xiǎo xīn fèn qiú yòu dài zhe shèng
度，可是一个不小心，粪球又带着圣
jiǎ chóng gǔn le xià qù
甲虫滚了下去。

这个时候，又一只圣甲虫出现了，还帮助它把粪球推了上来，又往前推了一段路，好像是它的好朋友。不过可别小看了这只后来的圣甲虫，它可不是什么好朋友。它其实是个诡计多端的粪球大盗，假装热情帮助有粪球的同伴，取得对方信任之后，再趁机抢走粪球。幸运的是粪球的主人识破了它的诡计，跟它打了一架，把它给打跑了。

如果粪球的主人没有识破这种诡计，又会怎么样呢？它的粪球会被凶狠的粪球大盗抢走，而这个可怜虫只好寻找材料制作一个新的粪球了。

古老的功臣——圣甲虫

圣甲虫是一种古老的昆虫，起源于3.5亿年以前，那时还没有任何哺乳动物出现。科学家们起初推测，圣甲虫可能是以恐龙的粪便为食的，可是，在发现的恐龙粪便化石上从来没有发现过圣甲虫化石。自从全世界出现了大型哺乳动物并四处蔓延开来，圣甲虫的种类和数量也以同样的方式多样化地激增。所以有一些研究者指出，如果没有圣甲虫帮助它们清除粪便，制作肥料，让动物们赖以为食的植物持续生长，那么，大型哺乳动物可能永远也不会形成在如今的非洲草原上随意可见的大批群落。

shèng jiǎ chóng de yàn huì
圣甲虫的宴会

shèng jiǎ chóng qí shí shì yì zhǒng xìng gé hěn hǎo de kūn chóng wèi shén me zhè me shuō ne nǐ mǎ shàng jiù zhī dào le

圣甲虫其实是一种性格很好的昆虫，为什么这么说呢？你马上就知道了。

wǒ men shuō guo shèng jiǎ chóng zài yùn sòng fèn qiú de guò chéng zhōng huì yù dào hěn duō zhàng ài jí shǐ fèn qiú gǔn dào pō xià miàn tā yě bú huì jǔ sàng ér shì yí cì yí cì de bǎ fèn qiú bān shàng lái jué bú qì něi zhí dào bǎ fèn qiú yùn dào zì jǐ jiā lǐ wéi zhǐ zhè zhǒng jiān rèn bù bá bú pà shī bài de hǎo pǐn zhì zhí dé wǒ

我们说过，圣甲虫在运送粪球的过程中，会遇到很多障碍，即使粪球滚到坡下面，它也不会沮丧，而是一次一次地把粪球搬上来，绝不气馁，直到把粪球运到自己家里为止。这种坚韧不拔、不怕失败的好品质值得我

men xué xí
们学习。

chú cǐ zhī wài, fèn qiú dà dào qí shí yě bú suàn
除此之外，粪球大盗其实也不算
tài huài。 yǒu xiē dà dào huì háo bú kè qi de qiǎng zǒu bié
太坏。有些大盗会毫不客气地抢走别
rén de fèn qiú, shèn zhì dǎ pǎo fèn qiú de yuán zhǔ, dàn
人的粪球，甚至打跑粪球的原主，但
shì yě yǒu yì xiē fèn qiú dà dào bǐ jiào shàn liáng, jiào tā
是也有一些粪球大盗比较善良，叫它
men tān chī guǐ kě néng gèng hé shì。 tān chī guǐ bāng zhù fèn
们贪吃鬼可能更合适。贪吃鬼帮助粪
qiú de zhǔ rén bǎ fèn qiú yùn huí jiā, yǒu shí hou tān chī
球的主人把粪球运回家，有时候贪吃
guǐ de shù liàng hái bù zhǐ yì zhī, ér shì liǎng sān zhī。
鬼的数量还不止一只，而是两三只。
bú guò, kě bié yǐ wéi tā men shì wú cháng láo dòng, fǒu
不过，可别以为它们是无偿劳动，否
zé zěn me néng jiào tān chī guǐ ne。
则怎么能叫贪吃鬼呢。

zhè ge mù dì hěn jiǎn dān, jiù shì xī wàng fèn qiú
这个目的很简单，就是希望粪球
de zhǔ rén yāo qǐng tā men cān jiā yàn huì。 bì jìng zài yí
的主人邀请它们参加宴会。毕竟在一
gè dà cǎo yuán shàng, zhǎo dào xīn xiān niú fèn de gài lǜ bìng
个大草原上，找到新鲜牛粪的概率并
bú dà, xīn xiān de niú fèn duì shèng jiǎ chóng men lái shuō kě
不大，新鲜的牛粪对圣甲虫们来说可
shì nán dé de měi shí, dà jiā dōu huì qù qiǎng, qiǎng bú
是难得的美食，大家都会去抢，抢不

dào de jiù zhǐ néng qù zuò fèn qiú dà dào le
到的就只能去做粪球大盗了。

yì bān qíng kuàng xià fèn qiú de zhǔ rén bú huì jù
一般情况下，粪球的主人不会拒
jué zhè ge qǐng qiú bì jìng tā men yě bāng máng le shèng
绝这个请求，毕竟它们也帮忙了。圣
jiǎ chóng de jiā shì yí gè kuān chang de dì dòng lǐ miàn kě
甲虫的家是一个宽敞的地洞，里面可
néng hái cún zhe jǐ gè zǎo jiù zuò hǎo le de fèn qiú fèn
能还存着几个早就做好了的粪球，粪
qiú mǎn mǎn dāng dāng de yì zhí duī dào le tiān huā bǎn
球满满当当的，一直堆到了天花板，
jiù xiàng gè háo huá de dà cān tīng zài zhè ge cān tīng
就像个豪华的大餐厅。在这个餐厅

lǐ shèng jiǎ chóng men kāi xīn de xiǎng yòng zhe dà cān shuí
里，圣甲虫们开心地享用着大餐，谁
yě méi yǒu làng fèi shí wù hěn kuài jiù bǎ zhè xiē fèn qiú
也没有浪费食物，很快就把这些粪球
dōu chī wán le
都吃完了。

shèng jiǎ chóng de xiāo huà néng lì hěn qiáng zài hěn duǎn
圣甲虫的消化能力很强，在很短
de shí jiān nèi tā men jiù kě yǐ chī diào shí wù rán
的时间内，它们就可以吃掉食物，然
hòu kuài sù pái chū fèn biàn tā men de cháng dào qí shí hěn
后快速排出粪便。它们的肠道其实很
cháng dàn shì zài xiāo huà fèn qiú de guò chéng zhōng cháng dào
长，但是在消化粪球的过程中，肠道
huì bù tíng de rú dòng yīn cǐ tā men kě yǐ yì kǒu
会不停地蠕动。因此，它们可以一口
yì kǒu de chī wán páng dà de fèn qiú shèn zhì bú yòng zhōng
一口地吃完庞大的粪球，甚至不用中
chǎng xiū xi fèn qiú lǐ de yíng yǎng chéng fèn bèi shèng jiǎ chóng
场休息。粪球里的营养成分被圣甲虫
wán quán xī shōu zhī hòu yòu huì biàn chéng shèng jiǎ chóng de fèn
完全吸收之后，又会变成圣甲虫的粪
biàn bèi pái chū qù shèng jiǎ chóng de fèn biàn shì hěn hǎo de
便被排出去。圣甲虫的粪便是很好的
féi liào kě yǐ bāng zhù cǎo yuán shàng de mù cǎo zhǎng de gèng
肥料，可以帮助草原上的牧草长得更
jiā mào shèng huā ér kāi de gèng jiā xiān yàn děng dào fèn
加茂盛，花儿开得更加鲜艳。等到粪
qiú bèi chī wán shèng jiǎ chóng méi duō jiǔ jiù yòu è le
球被吃完，圣甲虫没多久就又饿了，

于是再次走出家门，去寻找新的动物粪便。

从五月到六月，圣甲虫一直在制作粪球并吃掉它，为草原上的植物提供肥料。可是到了炎热的夏天，它就躲在自己家里纳凉，暂时不会出门了。一直到初秋，它们才会再次出现，可是数量远远不如春天那么多，也没有春天的时候活泼。这段日子它们准备生小宝宝了，要为未来的宝宝做好一切准备。

圣甲虫在家纳凉的这段时间里，嘴也不闲着，它们会不停地吃粪球。不过也不用担心它把肚皮撑爆，它一边吃，一边排出一根3米长的屁屁。按

zhào zhè ge sù dù lái kàn　tā zhēn shì dāng zhī wú kuì de
照这个速度来看，它真是当之无愧的
zì rán qīng dào fū a
自然清道夫啊！

法老的吉祥物

别看圣甲虫喜欢粪球，好像很不讲卫生，其实它在古埃及是一种很受欢迎的明星昆虫呢。古埃及人认为圣甲虫是吉祥物，有“创造”“重生”的美好寓意。因此，他们的护身符经常被做成圣甲虫的样子。在他们的生活中，做成圣甲虫造型的各种器具也很常见，甚至在文学作品中也能见到圣甲虫的身影！埃及寓言故事里的圣甲虫还具有不屈不挠、坚韧勇敢的美好品质。

圣甲虫的粪梨

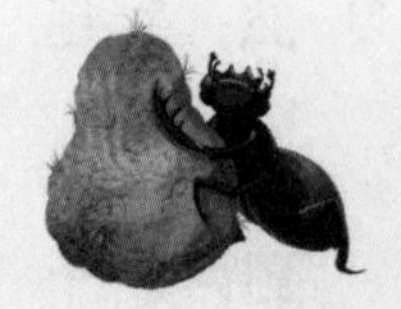

一个年轻的牧羊人有时候会替我观察圣甲虫。六月下旬的一个星期日，他兴冲冲地给我带回来一个奇怪的东西，据说是从圣甲虫的家里发现的。

那玩意儿确实挺奇怪的，从形状上看，它就像个小小的梨子，只不过是紫褐色的。这会是什么呢？这玩意儿摸上去很硬实，看起来很漂亮。它真的是圣甲虫的杰作吗？它里面会有一个卵吗？牧羊青年肯定地对我说有。他说他不小心把一只同样的小梨给弄碎了，里面就有一只白色的卵。我不太相信他说的，因为我认为圣甲虫只会做圆圆的粪球。

第二天我就去了牧羊人所在的草原，跟他一起挖圣甲虫的洞穴，想看看能不能找到第二个“梨子”，来证实这种东西真的是圣甲虫的杰作。一个洞穴打开了，一只完美的梨形粪球待在那儿。在第二个洞里，我又看到一只圣甲虫妈妈搂着梨形粪球，想必是在对它进行最后的加工。

这种粪球是用什么动物的粪便做

的？应该不是牛或者马的粪便。那种粪便很粗糙，圣甲虫自己吃一吃还行，要是给宝宝吃就不太合适了。它必须寻找细腻又有营养的东西，绵羊的粪便就很好。这种材料水分充足，又很柔软，没有混杂干草碎屑，非常适合加工成宝宝食品。

在这个形状独特新颖的大面包团里，虫卵在什么地方呀？大家都会认为卵就在梨肚子的中心。这中心点是最安全的地方，也最不容易被吃光。它随便用自己那嫩牙咬到哪儿，都可以继续吃下去。可在我用小刀划开中心部位的时候，却发现那儿根本就没有虫卵。梨肚子中心是实实的，那儿也只有一堆食物。虫卵到底到哪儿去了呢？它竟然在梨形粪球最细薄的部位，在最顶端的梨颈那儿，那里有一个小洞，虫卵就在小洞里睡觉呢。

等到卵孵化成圣甲虫宝宝，它会去吃梨肚子里的食物，现在粪梨的外壳已经变硬，但里面的食物依然很松软，这些食物足够圣甲虫宝宝吃到长大。当然也会有意外发生，一旦天气炎热导致粪梨被完全晒干，啃不动食物的圣甲虫宝宝就会饿死在里面。

圣甲虫知道自己制作的梨形粪球很美吗？它肯定是看不出来的，因为它是在一片漆黑的地下制作的；但是它一定摸得出来。或许，它还会为自己的杰作沾沾自喜呢。

到处都有美的事物，前提是我们要有一双善于发现的眼睛。圣甲虫妈妈无法发现自己的梨形粪球有多美。这也没关系，对圣甲虫来说，粪球只要足够美味和实用就够了。

圣甲虫的天敌

圣甲虫有天敌吗？谁会吃这种臭烘烘的小家伙呢？可千万不要以为圣甲虫这类食粪虫整天待在臭臭的屉屉里，就不会有天敌了。就像有的人喜欢吃臭豆腐、榴梿一样，有些鸟类和田鼠偶尔也喜欢把脆脆的食粪甲虫当小点心。甚至还有一些顽皮的孩子会盯上它们，把它们消灭掉。不过，故意杀害圣甲虫的行为是不对的，这些食粪虫是大自然的清道夫，是一种益虫，我们应该尊重它们的生命。

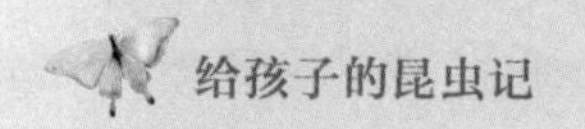

圣甲虫的造型术

圣甲虫妈妈是如何制作梨形粪球的？我决定把它们关进笼子里，好好研究一下。

首先可以肯定的是，这绝不是在地上滚出来的，也不可能是猛烈撞击的结果，毕竟里面还有一个脆弱的卵呀。

我猜，它有两种可能的制作方案。第一种是把选好的材料就地揉成球，再滚回自己的窝里。第二种是先选材料，再在材料附近的土地上挖洞，直接储存这些材料。

在野外的话，圣甲虫妈妈会把粪梨的球形部分做好，再滚回家里去。因为野外的地面粗糙，石头太多，不太容易找到合适的挖洞地点。不过，我在笼子里铺的一层土是很细腻的，每一处都可以挖洞，因此，圣甲虫妈妈住在我这里时，只要把附近的粪块弄到地下去就行了。

头一天，我看见一堆没有形状的粪料消失在地下；第二天和第三天，我查看了它的车间，发现当初的不成形的粪块，已经变成了形状完美、无可挑剔的梨形粪球了。这是怎么做出来的呢？这不太好观察，因为圣甲虫喜欢在黑暗中工作，一旦有光就停下来了。我用透明的玻璃瓶制作了一个易于观察的洞穴，再用硬纸板挡起来，把圣甲虫引进去，决定再次观察它们的制作过程。

起初，圣甲虫妈妈制作了一个圆形的粪球，粪球一侧被挖出了一圈沟槽，那就是未来的梨形粪球的颈部。过了一会儿，在圆圈这里，粪球又被拉扯出来一些，形成火山口的形状。这火山口周围的一圈会越变越高，越来越薄，逐渐向中间聚拢，直到变成一个半球形的空心房子。之后，圣甲虫妈妈就会把卵产在里面。制作粪球的过程中，圣甲虫妈妈唯一的工具就是自己的爪子。它们的爪子看起来粗粗笨笨的，却能把粪球拍打得无比圆润光滑，母爱的力量真是伟大啊。

在梨颈的顶端，有几根纤维竖立

在那儿；梨颈的其他地方都很光滑。那是一个用纤维做成的塞子，圣甲虫妈妈一产完卵，就用这个塞子把唯一的小口塞上。而这个塞子结构松散，说明没有被拍打按压过。因为卵就靠在这个塞子上，如果圣甲虫妈妈拍打塞子，卵就遭殃啦。而且，幼虫是需要空气的，这个松散的塞子可以让空气流进来，满足圣甲虫幼虫的需要。

我曾经仿制了一个梨形粪球，并且取出一枚虫卵放在粪球中央，我本以为那里食物丰富，很适合幼虫，可是没过多久，那枚卵就死了。可见，圣甲虫的幼虫和卵都很需要空气，圣甲虫妈妈真是一位优秀的建筑师啊。

动物界的大力士

动物界的大力士都有谁？除了我们知道的大象、猩猩、蚂蚁之外，还有圣甲虫。圣甲虫可以制作并推动相当于自身体重 1000 倍的粪球，这是什么概念呢？相当于一个普通人先把六辆正常大小的双层巴士揉成一个大球，再推着这个大球走。照这个比例来看，圣甲虫的力气甚至比大象还大！

圣甲虫

外号：粪球虫、铁甲将军、推屎爬

分类：金龟甲科

外貌特征：全身黑色，体表有坚硬的外骨骼，复眼发达，咀嚼式口器，触角鳃叶状，有三对足

分布范围：高山、草原、沙漠、丛林皆有分布

生活习性：喜欢收集粪便作为食物，尤其喜欢滚粪球

对人类的贡献：使人们避免踩到便便和闻到便便的难闻气味，一定程度上阻止了以粪便为媒介的病菌的传播，并且增加了土壤的氮肥含量

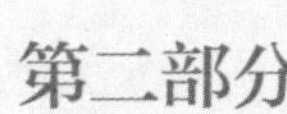

第二部分

粪金龟·负葬甲

大自然里有那么多种会拉屁屁的动物，只靠圣甲虫自己打扫是不够的。而且，那些死掉的小动物该怎么办呢？不要担心，我们的清道夫大家庭里还有另外一些勤劳能干的成员，它们有的擅长清理粪便，有的擅长处理动物的尸体，为大自然做出了很大的贡献。

粪金龟

有时候我在想，大自然操控者是不是一个偏心的家伙，要不然为什么它对那些小乡村那么好，把食粪虫这种清道夫送给乡村。

乡村的动物总是随处排泄，可是第二天这些排泄物就不见了，这是因为食粪虫把它们吃掉了。很多科学家通过研究发现，微生物会在动物的排泄物中不停地繁衍生息，如果不及时处理，它们会污染空气和水，让人生病。但是这些小小的食粪虫不知疲倦地工作着，为人们创造了一个健康的生活环境。可是，人们总是不喜欢这些食粪虫，觉得它们很脏，见到它们就会去踩踏、杀死，这是不对的，至少我们应该尊重一下它们的贡献。

我们这个地区的环境卫生主要靠粪金龟，我家周围就有从事食粪工作的粪金龟。别看它们的工作不太卫生，可是模样长得很好看。它胸前是贵气十足的衣裳；背部乌黑发亮；脸部的下方都佩戴着华丽璀璨的首饰，黑粪金龟拥有的是有着黄铜般灿烂的珠宝，而粪生粪金龟拥有的是紫水晶

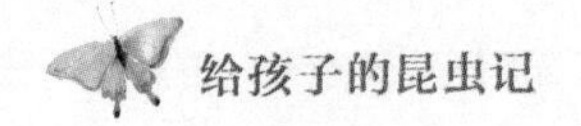

一样美丽的珠宝。

我想计算一下一只粪金龟在固定的时间里能够处理的粪便的量，就抓了12只粪金龟。傍晚时分，一头驴子经过我家门前，还排出了一个大粪坨。我把这些带回去放进饲养笼里。我本以为这样大的工作量够它们好好地忙活一阵子，事实证明我又低估了这些清道夫。第二天早上我再去饲养瓶前看的时候，玻璃器皿内只有一点粪便碎屑了，这12位搬运工已经把所有的粪便都搬运到了地下。我大概估算了一下，要是把这个粪坨分成12等份的话，那么一只粪金龟大概搬了1立方分米的粪便。

黄昏一到，它们就齐齐地从洞里爬出来忙碌。我有些想不明白，它们要这么多的食物用来做什么呢？挖开粪料的时候我发现，这些粪金龟每次

吃的都不多，它们喜欢储藏很多的粪料，每天食用的时候就吃掉一部分，剩余的部分就丢掉了，它们丢掉的部分要远远多于吃掉的部分。可见，它们更享受发现食物、搬运食物的乐趣。在大自然中，这些被粪金龟掩埋和丢弃的东西，会变成很好的肥料，让植物们茁壮生长。

整个自然界就像一个大家庭，所有的成员之间都有着或多或少的联系。事实上，动物们是给了我们很大帮助的，不管我们注意还是没有注意，它们都在以自己的方式为这个家庭做着贡献。从某个角度来说，我们是应该向它们学习的。

了不起的小农夫

像粪金龟这类食粪昆虫，除了清理粪便之外，还有很重要的兼职——农夫。有些以植物为食的动物在吃东西的过程中，也吃掉了植物的种子。比如牛羊吃草时会把很小的草籽吃下去，兔子偶尔也喜欢吃一些小野果。有的种子带着硬硬的外壳无法被消化，就跟着动物粪便一起被排了出来，而这些粪便又被粪金龟们带回了地下的家。粪金龟们会吃掉粪便，却不吃硬硬的种子。粪金龟的家里又舒服又暖和，时间一长，种子就发芽啦。而且粪金龟的家里最不缺的就是肥料了，在这些肥料的滋养下，种子能够很好地长大，继续为草食性动物提供食物。

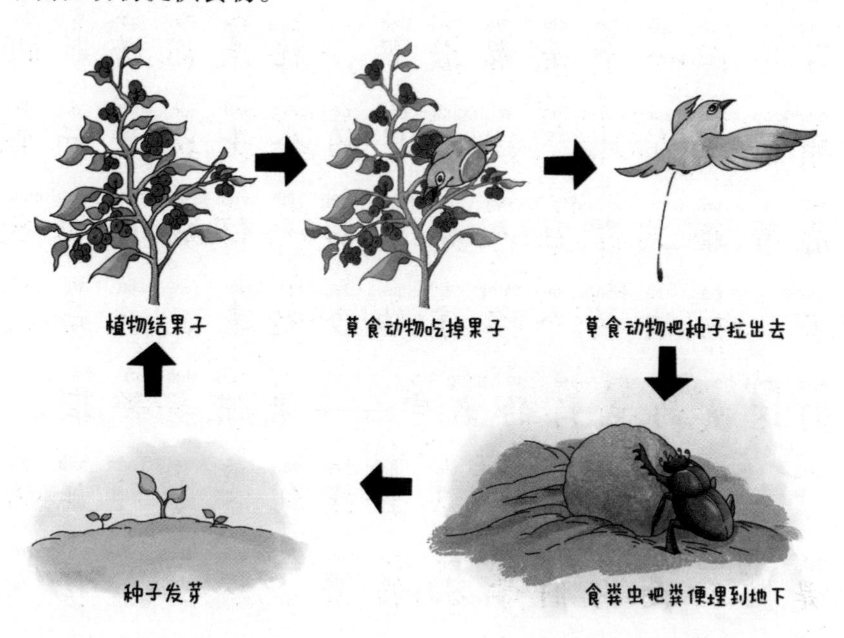

米诺多蒂菲夫妻

为了给本章要介绍的这个昆虫命名，专业分类学家采用了两个吓人的名字：一个是米诺多，就是弥诺斯的那头住在地下迷宫里的公牛；另一个是蒂菲，即巨人族中的一位成员的名字。把这两个名字结合起来，就是我们这章的主角的名字——米诺多蒂菲。

在昆虫的故事里找到古老神话的回忆，是一件有趣的事。这些神话人物的名字听起来既响亮又悦耳，又跟昆虫有一些相似之处，非常合适。

这种鞘翅目昆虫体型较大，喜欢在地下打洞，因此被称为米诺多蒂菲。它是一种平和无害的昆虫，性格很温和，也不会咬人，但它的角可比弥诺斯的公牛还要厉害。在那些披着盔甲的昆虫中，谁都没有它的武器那么威风。雄性米诺多蒂菲胸前有三根一束的锋利长矛，假如它跟公牛一样大，那可就太厉害了。

米诺多蒂菲喜爱露天沙土地，因为羊群去牧场必经那里，一路上总要不停地拉下羊粪蛋的。那是它日常的美食。如果没有羊粪蛋，它也能退而求其次，找点很容易收集的兔子的小粪便来凑合。

大约在三月份的头几天，就可以碰见米诺多蒂菲夫妇齐心协力，潜心修窝筑巢。雄性是天生的垃圾搬运工和外卖员，它白天按时把妻子洞中挖出来的土运走；夜晚又独自在自家宅子周围搜寻小粪球，好为自己的孩子们做一个香喷喷的“大面包”。

有时候，几家米诺多蒂菲住得很近。那么，收集粮食的丈夫会不会摸错了门，闯进他人家中呢？在它外出寻食时，会不会喜欢上别的同伴呢？这个问题值得研究。

两对夫妇正在挖土建巢时被我挖

了出来。我用针尖在它们身上做了无法抹去的记号，就随手把这四位分别放在一块沙土场地上。第二天，它们都挖了浅浅的巢穴，并找到了自己的妻子。我又把它们放在错误的巢穴里，它们还是不会认错自己的伴侣。

我这样重复了好几次，直到最后它们没办法继续挖洞了，也还不会忘记自己的妻子。

它们为什么能认出自己的伴侣呢？我也没弄清楚，但它们的相亲相爱、不离不弃，真是一种可贵的品质啊。

有关食粪虫的歇后语

屎壳郎拿鼎——过分（粪）

屎壳郎嫁蟒象——臭味相投

屎壳郎戴墨镜——昏天黑地

屎壳郎戴花——臭美

屎壳郎坐轮船——臭名远扬

屎壳郎坐飞机——臭气熏天

米诺多蒂菲的家

米诺多蒂菲夫妻在家中是怎么分工的呢？要想知道这一点那可不是件容易的事，米诺多蒂菲住在一口深井中，只有用一把结实的铁铲，连续挖上好几个小时才能挖到底。

唉！我年岁大了，可怜的关节都生锈了！明知地下有个有趣的问题想探究一番，可就是力不从心，挖不动了！但是幸好我有一个帮手。他就是我的儿子保尔，他身轻体健，帮了我的大忙。我们找到了米诺多蒂菲的洞穴，一直挖到1米多深才发现它们。然后，我们把这对夫妻连同它们制作的粪香肠都带回了家。

为了生儿育女，米诺多蒂菲都必须有一个很深很深的住所。更有趣的是，米诺多蒂菲夫妻有它们各自专属的卧室，平时它们就待在自己的卧室里。米诺多蒂菲妈妈更擅长挖洞，可以挖出很深的洞穴，而米诺多蒂菲爸爸则负责把挖出来的土扔到外面去。

洞挖好之后，妈妈变成了大厨，擅长给孩子们制作圆柱形的粪香肠；而米诺多蒂菲爸爸则到外面去，寻找各种粪球充当香肠的材料。

现在，让我们在家里舒服地观察我们挖出来的那整块土。这块土中有一个香肠状的食品罐头，像拇指一般大。有时候，香肠从头到尾都十分均匀，更多的时候这香肠疙疙瘩瘩的。厨师如果有时间就做得精细，没时间则敷衍了事。这根粪香肠肯定是为幼虫准备的，可是卵在哪里呢？卵就在香肠下面的沙土里，幼虫孵出来之后，扒开沙土就可以吃到美食。

这根香肠是怎么做出来的呢？为了寻找材料，米诺多蒂菲爸爸爬出洞外，选好一个比井口直径大一点的粪球，塞进井里，卡在井壁上。这样就

gòu chéng le yí kuài lín shí de lóu bǎn kě yǐ chéng zhòng liǎng
构成了一块临时的楼板，可以承重两
sān gè fèn qiú zhè shí hou mǐ nuò duō dì fēi nà shén qì
三个粪球。这时候米诺多蒂菲那神气
de sān chā jǐ jiù pài shàng yòng chǎng le tā bǎ sān chā jǐ
的三叉戟就派上用场了，它把三叉戟
chā rù yí gè fèn qiú zhè yàng yì lái fèn qiú jiù bú dòng
插入一个粪球，这样一来粪球就不动
le mǐ nuò duō dì fēi bà ba huī wǔ qián zhǎo bǎ fèn
了。米诺多蒂菲爸爸挥舞前爪，把粪
qiú qiē chéng yì xiǎo kuài yì xiǎo kuài de cóng lóu bǎn fèng xì
球切成一小块一小块的，从楼板缝隙
chù diào xià qù luò zài mǐ nuò duō dì fēi mā ma de shēn
处掉下去，落在米诺多蒂菲妈妈的身
páng zhè shí mǐ nuò duō dì fēi mā ma huì bǎ zhè xiē suì
旁。这时米诺多蒂菲妈妈会把这些碎
kuài jiǎn qǐ lái zài jìn xíng fēn lèi ruǎn yì xiē de dàng
块捡起来，再进行分类，软一些的当
zuò miàn bāo xīn yìng yì xiē de dàng zuò miàn bāo pí rán
作面包心，硬一些的当作面包皮。然
hòu tā zài bǎ zhè xiē yuán liào jiā gōng chéng xiāng cháng
后，它再把这些原料加工成香肠。

zài zhè ge jiā tíng lǐ mǐ nuò duō dì fēi fū qī
在这个家庭里，米诺多蒂菲夫妻
fēi cháng qín láo mǐ nuò duō dì fēi bà ba huì bù tíng de
非常勤劳。米诺多蒂菲爸爸会不停地
wèi hái zi xún zhǎo shí wù zhí dào shēng mìng de zuì hòu yí
为孩子寻找食物，直到生命的最后一
kè ér mǐ nuò duō dì fēi mā ma huì shǒu hù zhe bǎo bao
刻；而米诺多蒂菲妈妈会守护着宝宝

们，直到它们独立生活，米诺多蒂菲妈妈才会溘然长逝。

有的便便可以吃

不要以为便便是食粪虫的专属食物，我们人类也会吃一些含有便便的食物！比如知名的猫屎咖啡，就是从麝香猫的便便里挑出来的咖啡豆，它还是名贵的咖啡品种呢，而且一点也不臭。象屎咖啡、松鼠咖啡也是这样来的。我国还有一种叫虫茶的茶，它是用吃了茶叶的米黑虫的便便制作的，据说味道跟茶叶一样。中药里有一种药材叫五灵脂，它其实就是某些鼯鼠科动物的干燥粪便。

fǎ nà sī mǐ lóng mái zàng chóng

法那斯米隆埋葬虫

wèi le tàn suǒ dà zì rán ér zhōu yóu shì jiè shì
为了探索大自然而周游世界，是
yí jiàn lìng rén yú kuài de shì qing wǒ xiàn zài dào le ā
一件令人愉快的事情。我现在到了阿
gēn tíng gòng hé guó de pān pà sī dà cǎo yuán xiǎng kàn kan
根廷共和国的潘帕斯大草原，想看看
zhè lǐ de shí fèn chóng gēn wǒ jiā xiāng nà xiē yǒu shén me
这里的食粪虫跟我家乡那些有什么
bù tóng
不同。

kāi duān jí hǎo wǒ zuì xiān yù dào le piào liang de
开端极好，我最先遇到了漂亮的
fǎ nà sī mǐ lóng mái zàng chóng
法那斯米隆埋葬虫！

xióng xìng fǎ nà sī mǐ lóng qián xiōng yǒu gè āo xià de
雄性法那斯米隆前胸有个凹下的
bàn yuè xíng jiān bù yǒu fēng lì de yì duān é shàng shù
半月形，肩部有锋利的翼端，额上竖

着一个可与西班牙蜣螂相媲美的扁角，角的末端呈三叉形。雌性则以普通的褶皱代替了这漂亮的装饰。雄性与雌性的头罩前部都有一个双头尖，肯定是一个挖掘工具，也是用于切割的解剖刀。

法那斯米隆跟别的食粪虫不同，我们常常会看见它待在家禽、狗、猫的尸骨架下，因为它需要尸体的脓血。我还在一只猫头鹰尸体下面捡到了一个奇特的葫芦，那就是它做的。

让我们更加深入地观察研究一下法那斯米隆的杰作。我用放大镜仔细观察葫芦，没有发现牧草碎屑。这么说，这怪异的食粪虫没有利用动物的粪料。我把葫芦放在耳边摇动，有轻微的响声。

我小心翼翼地用刀尖挑破葫芦。里面嵌着一个圆圆的核，可以自由地晃动。把内核砸碎，我发现了一些碎骨、绒毛絮、皮肤片、细肉块，它们全都淹没在类似巧克力的糊状物中。我把这种糊状物放在红红的木炭上烤，它立即变得黑黑的，很容易闻出那是烧焦的动物骨肉的气味。内核与外壳经烧烤之后，其残余物都变成一种细细的红黏土。

通过这粗略的观察分析，我们得知法那斯米隆给幼虫做的食物里，有动物碎肉和一些黏土。直到幼虫长大能出走之前，这个葫芦一直完好无损。它不仅是食物保护壳，更是幼虫的保险箱。为了解决幼虫的呼吸问题，葫芦颈部打通了一条通道，呈喇叭形半张开着。这就是通风管道。

这种迟钝的昆虫是如何建好这项

极其复杂的工程的呢？

它先是遇上了一具小动物尸体，尸体的渗液使下面的黏土变软。于是，它收集了一些黏土，加工成盆子的形状。盆子做好了，它又从尸体上撕下一些碎肉、皮毛，跟黏土混合在

一起，制成软软的球放进去。之后它会在盆子里产卵，然后继续制作，直到这个盆子变成葫芦为止。

这项活计完工了。它将爬到另一具尸体下面重新开工，因为一个洞穴只有一个葫芦，多了不行，如同圣甲虫制作它的梨形小粪球一样。

认识埋葬虫

埋葬虫，又叫锤甲虫，属于昆虫中最大的一个目——鞘翅目，埋葬虫科。该科昆虫全世界有 178 科、33 万种。埋葬虫的体长从很小到 3.5 厘米都有，平均体长大约是 1.2 厘米。它们的外表有的呈黑色，有的呈五颜六色，明亮的橙色、黄色、红色都有。身体扁平而柔软，适合在动物的尸体下面爬行。我们平时很难见到它们，但是每当有动物尸体存在时，它们就会马上聚集过来。因为这类昆虫的嗅觉非常灵敏，哪怕空气里有一丝腐肉的味道，也逃不过它们的鼻子。

负葬甲

四月，大地回春，这是一个多么令人陶醉的时节啊！然而，在这四月天的柔和春风中，到处弥漫着危险。刚刚换上绿色珍珠衣服的蜥蜴，被不懂事的顽皮鬼们用石头砸扁；无毒蛇在踏青时意外身亡，被“正义的”过路人用脚后跟踩断；一阵大风刮过，还没长出羽毛的小鸟被狠狠地摔到了地上。

这些生命变成了等待腐烂的尸体。不过，这些尸体不会烦恼人们多久的，因为一支庞大的尸体清理队伍正在赶来。蚂蚁作为先头部队第一批赶到，随后，其他昆虫成群结队地匆忙赶来，似乎是约定好的。

这些狂热地奔忙的虫子到底在干什么呀？它们正在乐不可支地对尸体进行加工，这些尸体被葬尸甲、皮蠹和其他昆虫大吃特吃；然而有一位赴宴者吃得很少，它身穿一袭米黄色法兰绒衣，鞘翅上佩戴着齿形边饰的朱红色腰带，触角顶挂着红色绒球，浑身散发着麝香气味。

它就是最享盛名、最刚健有力的

土地维护者——负葬甲。

准确地说，它是一位大自然殡仪馆的工作人员。这位葬尸者将残骸就地掩埋在地窖里，待它在地窖中烘熟了之后，将成为它的幼虫的家产。它埋葬尸体是为了家庭，为了安顿好孩

子的未来。而在这个过程中，它只是为了维持体力，吸几口血浆。

其他昆虫在享用完野味之后，心满意足地扬长而去；而负葬甲会处理整个儿尸体，把它埋起来。在几个小时之内，一具相当大的鼹鼠尸体就被它整个掩埋在地下，不见踪影了。唯一与之前不同的是，这里留下了一个被沙土覆盖的鼹鼠丘，这是亡者的墓碑，也是葬尸者的劳动纪念碑。

这位收殓葬尸工使用的方法简单快捷，是田野清洁队伍中的佼佼者。有人说，负葬甲在从事埋葬工作时，表现出了思考和推理的才能。而这种才能，就连收集花蜜和猎物的膜翅目

kūn chóng yě bú jù bèi
昆虫也不具备。

fù zàng jiǎ wèi shén me kě yǐ zhè me kuài de yǎn mái
负葬甲为什么可以这么快地掩埋
yí jù shī tǐ ne tā yí dìng yǒu shén me tè bié de gōng
一具尸体呢？它一定有什么特别的工
jù ba fù zàng jiǎ huì tiāo shí ma zhè xiē wèn tí hái
具吧。负葬甲会挑食吗？这些问题还
xū yào wǒ jìn yí bù guān chá hé yán jiū
需要我进一步观察和研究。

bù dé bù shuō fù zàng jiǎ shì yì zhǒng hěn yōu xiù
不得不说，负葬甲是一种很优秀
de qīng jié gōng qí tā shí fǔ kūn chóng duō xǐ huan jiù dì
的清洁工。其他食腐昆虫多喜欢就地
kěn shí dòng wù shī tǐ chī wán jiù cā cā zuǐ zǒu diào
啃食动物尸体，吃完就擦擦嘴走掉，
rèn yóu shèng yú de gǔ tou bào lù zài wài miàn ér fù zàng
任由剩余的骨头暴露在外面。而负葬
jiǎ què bù tóng tā yì chū xiàn jiù shí fēn fù zé rèn
甲却不同，它一出现，就十分负责任
de bǎ dòng wù shī tǐ yǎn mái qǐ lái zhǐ liú xià yí gè
地把动物尸体掩埋起来，只留下一个
xiǎo xiǎo de tǔ bāo jiù xiàng yí zuò fén qiū nà shì dòng
小小的土包，就像一座坟丘，那是动
wù de xiǎo xiǎo mù dì yě shì láo dòng de xiàng zhēng
物的小小墓地，也是劳动的象征。

虫也会“生虫”

我们都知道寄生虫是一种讨厌的虫子，会寄生在比较大的动物身上，或者住在它们的身体里，比如蛔虫、血吸虫等。不过你想不到吧，寄生虫也会寄生在虫子身上。负葬甲就经常被一种叫蛛虻的家伙盯上，在负葬甲辛辛苦苦照顾幼虫期间，蛛虻就会找上门来，趴在负葬甲的背上吸血，让负葬甲感到十分痛苦。要命的是这种虫子一旦把头扎进某个地方，就很难完整地拔出来。还有一种叫铁线虫的家伙喜欢住在螳螂的肚子里，它会越长越大，甚至危及螳螂的生命。

fù zàng jiǎ de gōng zuò
负葬甲的工作

yào shi wǒ xiǎng yán jiū fù zàng jiǎ, jiù bì xū shōu jí zú gòu de dòng wù shī tǐ hé fù zàng jiǎ, kě shì wǒ men zhè yí dài méi duō shao fù zàng jiǎ。wǒ jué dìng zài huāng shí yuán zhōng sàn bù dà pī yǎn shǔ de shī tǐ, xī yǐn fù zàng jiǎ qián lái。děng dài de shí jiān bìng bù cháng, fēng dài zhe yě wèi de qì xī zhào huàn zhe zhè xiē zàng shī gōng。hěn kuài de, wǒ de shí yàn duì xiàng yóu 4 zhī zēng jiā dào 14 zhī, wǒ hái shi dì yī cì yōng yǒu zhè me duō de fù zàng jiǎ ne! kàn lái, zhè cì bù shè xiàn jǐng、shǐ yòng yòu

要是我想研究负葬甲，就必须收集足够的动物尸体和负葬甲，可是我们这一带没多少负葬甲。我决定在荒石园中散布大批鼹鼠的尸体，吸引负葬甲前来。等待的时间并不长，风带着野味的气息召唤着这些葬尸工。很快地，我的实验对象由4只增加到14只，我还是第一次拥有这么多的负葬甲呢！看来，这次布设陷阱、使用诱饵的计策取得了圆满成功。

如果要来评选一位田野卫生队伍中的先进员工，负葬甲一定当选。它对于大自然安排的工作从不挑挑拣拣，大自然给它安排什么，它就接受什么。有些动物的残骸比它的体型都大出许多，无论尸体出现在沙地上还是鹅卵石堆里，它只能就地掩埋。忙忙碌碌的负葬甲啊，永远猜不出下一次的工作地点会在哪里。

让我们先说说负葬甲的食物问题。它在这方面毫不挑剔，对于任何散发着腐臭味道的尸体都欣然接受。一次，我将一条红色的金鱼放进笼子里，这东西它应该没见过。但是，这些掘墓者很快就把它埋了。总之，对于任何尸体，负葬甲都不会拒绝。

现在，让我们来看看负葬甲是怎么工作的吧！一只死鼹鼠躺在荒石园的中央，四只负葬甲已经赶到了施工现场。它们钻到鼹鼠尸体下使劲地摇动，鼹鼠身下的泥土很快就被破坏，它失去了支撑物，陷入了地下。这四位掘墓工此时还在地下进行着推土工作，这具尸体很快就被吞没了。在我们看不到的沙土里，它将一直下降，直到深度合适为止。

负葬甲使用的工具十分简单。它的爪端有锋利的铲子，帮助它迅速地挖好墓穴；它背部强壮有力，能够让沙土产生轻微的震动。这些就足够了，不过，它还需要一项必不可少的技能，这就是它必须频繁地摇动埋葬对象。这种摇动可以将尸体的体积压缩得更小，在它的工作中发挥着十分

重要的作用。

几天以后，我和我的得力助手小保尔前来查看这个尸坑，鼹鼠已经找不到了，眼前出现的是一块绿色的椭圆形腐肉，毛全都被拔掉了。在这具尸体旁边，只剩下了两只负葬甲，它们是一对夫妇，在那里看守和加工尸体，另外两只负葬甲已经离开了。

不过，可别以为负葬甲是一种热心的昆虫，到了晚年，它们其实还会残杀自己的同伴呢。为什么会这样？其实我也不明白。

负葬甲的幼虫

负葬甲的幼虫具有在黑暗中生活的普通特性，它的身体是白色的，眼睛看不见。它的相貌有点像螃蟹，足很短，胸部体节的护甲很宽，没有刺。它需要先化蛹，才能变成成虫，而且必须在夏天时成年。在幼年时期，负葬甲一直生活在漆黑的地下，这是因为负葬甲妈妈要把动物尸体深埋到地下 30 厘米处，再把卵产在上面。负葬甲幼虫的进食方式很特别，它们不会自己进食，需要负葬甲妈妈先把食物咀嚼一下，再吐出来喂给它们吃，就像鸟妈妈照顾鸟宝宝一样。

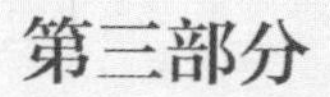

第三部分

昆虫界的好父母——蜣螂

在食粪虫里，还有一种名叫蜣螂的小家伙。别看它们长得奇奇怪怪，又总是在脏脏的屉屉上出现，其实它们还是昆虫里的“模范父母”呢！无论遇到什么情况，它们都会尽职尽责地照顾宝宝，为宝宝建造舒服的房子，制作可口的食物。

xī bān yá fèn qiāng láng de mǔ ài
西班牙粪蜣螂的母爱

xī bān yá fèn qiāng láng yí cì zhǐ néng chǎn sān sì kē luǎn, nà me wèi shén me tā gēn qí tā kūn chóng yí yàng jiā zú páng dà ne? yīn wèi cí xìng xī bān yá fèn qiāng láng shì yí wèi jìn zhí jìn zé de hǎo mā ma.

西班牙粪蜣螂一次只能产三四颗卵，那么为什么它跟其他昆虫一样家族庞大呢？因为雌性西班牙粪蜣螂是一位尽职尽责的好妈妈。

hěn duō shēng zhí néng lì hěn qiáng de kūn chóng, yīn wèi kě yǐ fán zhí chū hěn duō hòu dài, suǒ yǐ bú tài zài yì tā men de shēng cún zhuàng kuàng. ér xī bān yá fèn qiāng láng jiù bù yí yàng, zhèng shì yīn wèi tā men chǎn luǎn hěn shǎo, suǒ yǐ tā men duì zì jǐ de hòu dài gé wài xì xīn.

很多生殖能力很强的昆虫，因为可以繁殖出很多后代，所以不太在意它们的生存状况。而西班牙粪蜣螂就不一样，正是因为它们产卵很少，所以它们对自己的后代格外细心。

在田野里痛快地挖掘粪料，对于所有的食粪昆虫来说是一件快乐的事情，但是西班牙粪蜣螂在产下卵之后，就不能继续这样做了，它们寸步不离地守着自己的卵，甚至都舍不得出来透透气。它们陪在自己的孩子身边，时刻保持着高度的警惕。它们小小的身体一直在忙忙碌碌地工作着，要么修补粪球上的裂纹，要么赶走那些讨厌的小飞虫。从六月开始，雌性西班牙粪蜣螂就这样一直坚持到九月，才会带着身体强壮了的幼虫来到地面上。

西班牙粪蜣螂做的粪球是蛋形的。它的前足既短又不灵活，为什么会选择这么有难度的蛋形粪球呢？原因就是炎热的天气。粪蜣螂从六月开始建造粪球，并且要在粪球内待上三个月——也是一年中气候最闷热的三个月，而蛋形粪球里的水分最不容易蒸发。如果粪球内的水分流失，变得很硬，它的后代就会因为咬不动食物而饿死。也许对于别的昆虫来说，死掉三四个幼虫是很正常的事情，但是对于西班牙粪蜣螂来说，这意味着整个家族的消失。

我曾经做了个恶作剧，把一些粪球拿到另一个粪蜣螂妈妈的家里，想知道它们会不会在里面辨认出自己的粪球。可意外的是，粪蜣螂妈妈根本

没想去辨认，而是用心守护着每一个粪球，不论哪个粪球破了，它都会耐心地修补。这是因为它智商不高，还是出于一种责任心呢？

不论是智商不高还是出于责任心，雌性粪蜣螂的母爱都是不可置疑的。它努力收集材料制作粪球也好，看护虫卵也好，都是为了后代的成长。在看护后代的三个月里，粪蜣螂妈妈一直在绝食。食物就在身边，为什么不吃一点儿？粪蜣螂搬进地洞的食物是准备平分给自己的子女的，如果自己吃了，孩子就吃不饱，这不是它想要看到的结果。

三个月里，粪蜣螂就在地洞深处守护着它的子女，关注着幼虫、蛹以及成虫的需要。只有当所有的孩子都长大时，它才爬出地洞，美餐一顿。可见，在一个小小的昆虫身上，最伟大的母爱本能也在闪烁着光芒。

关于蜣螂的诗

想不到吧，我国的大文豪苏轼竟然写过有关蜣螂的诗。不过，这首诗里的蜣螂可一点也不臭，甚至多了一丝文雅的气质。

雍秀才画草虫八物·蜣螂

〔宋〕苏轼

洪钟起暗室，飘瓦落空庭。

谁言转丸手，能作殷床声。

这首诗出自苏轼为一组草虫画题写的组诗。在古代的中国，蜣螂被认为是肮脏的昆虫，别说读书人了，连老农夫都瞧不起它。但是在这首诗里，苏轼不但不讨厌蜣螂，还赞美了蜣螂的力气，以及对公共卫生做出的贡献。

野牛宽胸蜣螂

另外一种向我展示父亲本能的食粪虫，也是一种外地的昆虫。它是从法国南蒙彼利埃地区来到我这儿的。它叫野牛宽胸蜣螂，或者按照另一些人的说法，叫巴斯蜣螂。我不想区分这两个名称哪个更好，我只记住了“野牛”这个词，因为它听上去形象而动听。

从前，我在阿雅克修的郊外结识

过它。那是在春暖花开的季节，在藏红花和仙客来花丛之间，在绚丽多彩的百花之中。我很高兴这种昆虫来我的荒石园，我想再一次地观赏它。它使我回想起我青春年少时，在知识的大海边寻找贝壳时的兴奋和激动。自青春年少时在海边与它相遇之后，我这还是第一次与它重逢。我很高兴，我想向它请教一些知识。

野牛宽胸蜣螂矮壮，腿短，一看就知道它身强力壮。它的头上长着两个短小的触角，像小牛头上的月牙形角。它的前胸伸出来一块，像个变钝了的船头。胸左右各有一个漂亮的浅窝，伴随着那钝船头。实际上，昆虫

xué jiā zài fēn lèi shí, yě shì bǎ tā liè zài fèn jīn guī
学家在分类时，也是把它列在粪金龟
shēn hòu de. nà me tā dōu yǒu xiē shén me néng nai ya
身后的。那么它都有些什么能耐呀？

liù yuè zhōng xún zuǒ yòu, wǒ kāi shǐ tàn jiū wǒ yōng
六月中旬左右，我开始探究我拥
yǒu de wéi yī yí duì yě niú kuān xiōng qiāng láng. zài mián yáng
有的唯一一对野牛宽胸蜣螂。在绵羊
liú xià de yì duī yáng fèn dàn xià miàn, yǒu yì tiáo chuí zhí
留下的一堆羊粪蛋下面，有一条垂直
tōng dào wēi wēi chǎng kāi zhe. zhè tiáo tōng dào de zhí jìng yǒu
通道微微敞开着。这条通道的直径有
yì gēn shǒu zhǐ nà me cū, shēn dù yǒu yī fu xià bǎi nà
一根手指那么粗，深度有衣服下摆那

么长，自由畅通。它的形状犹如一口水井，底部有五个支道呈辐射状延伸，每一个支道都有一根粪香肠占据着。这个略呈圆形的食物，表面有节，是从位于下端的孵卵室里挖掘出来的。孵卵室是个圆形小屋，涂着一层半流质的渗出液体。卵呈椭圆形，白色，全都一般大小，与食粪虫的卵一模一样。

总而言之，野牛宽胸蜣螂那粗俗的劳动成果，几乎与粪金龟的劳动产品如出一辙。我对此颇为失望，我原指望它的劳动产品应该高级一点儿的。

我偶然在一个交叉路口发现了一对野牛宽胸蜣螂。在我挖开它们的家之前，这对忠实的夫妻在相互配合，制作新的粪香肠。我观察了一下，发现其中一只正趴在粪香肠上不停地拍打，另一只则抱着一些材料，从洞口滑了下去，看来是在为下面的同伴提供材料。

看来，它们也是一种非常热爱家庭的小家伙。

吃便便的动物

不光昆虫，有些哺乳动物也会吃便便。比如可爱的宠物小仓鼠和小兔子，会排出两种粪便，一种软软的拿来吃，一种是要扔掉的。因为它们的消化速度很快，有些营养物质来不及吸收，而且肠道里的益生菌也会跟着便便一起出来，它们只好把这些有用的东西重新“捡”回去。还有我们熟悉的考拉宝宝，在小时候也要吃妈妈的便便，因为它们自己没法消化吸收纤维素，只好让妈妈先消化一遍。

野牛宽胸蜣螂的建筑天赋

野牛宽胸蜣螂的家很特别，有个垂直的专用通道通向地面。另外，为了防止爬上爬下把通道弄塌，通道的内壁都被涂抹了一层粪。这个方法很巧妙，即使粪会脱落，也是成片脱落，不会把通道埋起来。

我出于好奇，把这对野牛宽胸蜣螂的粪香肠给掠夺了，我现在一共有八根粪香肠。这时候，我发现我的那

两个囚徒夫妇死了。一个死在地面上，另一个死于地面下。是意外造成的死亡吗？通常情况下，金龟子和蜣螂在第二个春天里可以见到自己的后代，甚至会举行第二次婚礼。可是它们竟然不能。我仔细地检查过，笼子里并未发生过什么令人不快的事情。这是又一个我没有找到答案的谜。

不过，这种蜣螂的建筑天赋在很小的时候就展现出来了。八月里，当粪香肠的中段已被啃噬得差不多了，只剩下一个破破烂烂的空盒罩时，幼虫会向香肠的下端缩去，并在下端用一道球形围墙把自己和其他部分隔开。

球形围墙同一粒大樱桃的大小相同，是个形状优美的小圆球。这是粪质建筑的杰作，与月形蜣螂所展示的杰作不相上下。一些轻柔的小结节形成同心圆，一圈一圈的，像屋顶上的瓦片似的交替地覆盖着。如果一个不知就里的人猛地一看，还会错以为那是用果实核雕刻的一件艺术品哩。

这就是野牛宽胸蜣螂为身体变态而准备的居所。幼虫待在居所里，在麻木的状态中度过冬季。通常一到春天，我们就能看到它的成虫。可让我大为惊诧的是，它的幼虫状态竟然一直延续至七月末。也就是说，蛹的出现需要一年左右的时间。

我确实对这个缓慢的成熟过程感到惊奇。这是不是自然规律？我看是的。因为它在我的笼子里时，我并没有发现能够造成它延迟生长的因素。因此，我在反复确认之后，把自己的实验结果记了下来。

野牛宽胸蜣螂在它那又漂亮又坚

固的小匣子里，死气沉沉，麻木，花了十二个月的时间使自己成熟，变成蛹，而其他食粪虫的幼虫只用了几个星期的时间，就让身体变态了。是什么原因造成这种“长寿”的呢？这我也没弄清楚。

它在七月末变成蛹，还需要两个月才会变成成虫。粪质外壳直到九月里仍然坚硬得很，但一到九月，骤雨猛袭，外壳泡软，隐居者从里往外撞击拱动，外壳就破碎了。成年昆虫爬到地面上来，欢快地生活着。天气转凉时，它回到地下那冬季营地，然后到春暖花开时节，它再度出现，并且产下新的蜣螂宝宝。

水里的清道夫

陆地上的清道夫有食粪虫和埋葬虫，那水里有没有清道夫呢？谁去清理鱼儿们的便便呢？水里当然也有清道夫，不然鱼儿们居住的小河早就变成臭水沟了。养鱼的小伙伴一定知道，有种名为清道夫的鱼爱吃鱼的便便，可以把鱼缸打扫得干干净净。水里还有一些长得很小的小虾、小螺，以吃大鱼的便便为生。池塘里常见的草鱼喜欢吃水草，不过偶尔也会吃点便便，也对维护水系卫生起了一定的作用。不过最厉害的还是塘鲺鱼，它连掉入水中的陆地动物的便便都不放过！

xī xù fú sī qiāng láng

西绪福斯蜣螂

ràng wǒ men lái kàn kan shū shì xī xù fú sī qiāng
　　让我们来看看舒氏西绪福斯蜣
láng tā shì tuī gǔn fèn qiú de kūn chóng zhōng gè tóur zuì
螂。它是推滚粪球的昆虫中个头儿最
xiǎo rè qíng zuì gāo de kūn chóng tā shuāi qǐ jiāo lái ràng
小、热情最高的昆虫。它摔起跤来让
rén tì tā niē yì bǎ hàn dàn tā què zǒng shì diē dǎo le
人替它捏一把汗，但它却总是跌倒了
yòu pá qǐ lái jì xù gǔn dòng zhe dà fèn qiú tā nà
又爬起来，继续滚动着大粪球。它那
zhǒng fèn bú gù shēn de wán qiáng pīn bó de jìn tóu jiǎn zhí wú
种奋不顾身的顽强拼搏的劲头简直无
yǔ lún bǐ
与伦比。

tā wèi shén me jiào zhè ge míng zi xī xù fú sī
　　它为什么叫这个名字？西绪福斯
běn lái shì shén huà chuán shuō zhōng de yí gè míng rén zhè ge
本来是神话传说中的一个名人，这个

不幸的人以顽强的毅力服着苦役——把一块大岩石往山上推。可每当他快要推到山顶上时，那大石头就滚下山去，他不得不重新开始推。他就这么推呀推的，周而复始。西绪福斯蜣螂很像他，所以人们就以这个来给它命名了。

而我们的西绪福斯蜣螂根本不知道这个故事，它只知道快活地往前推粪球，无论什么斜面陡坡，它都毫不在意。我们这一带很少能见得到这种昆虫，要不是我的小助手保尔为我捉了一只回来，我永远也见不到它。

喂养它们用不着鸟笼。只需一个铺了沙子的金属网钟形罩就行，再在沙层上放一些它们喜爱的食物。它们的个头儿小极了，顶多就是樱桃核那么大！尽管个头儿很小，但它们的模样很有特色，身材短粗；尾部缩成子弹头形；腿很长，像蜘蛛腿似的伸展开，两条后腿尤其特别，呈一对弧形，非常适合把小粪丸紧紧地抱住。

一到五月，它们就开始寻找伴侣，组建家庭。然后夫妻双双兴高采烈地为自己的孩子们准备面包。它们喜欢就地制作，用前爪上的小刀在牛粪上用力一划，一块大小合适的粪面团就切好了，然后准备加工。之后，夫妻一起拍打小粪团，最后做成豌豆粒一般大的粪丸。

小粪球制成之后，必须尽快地滚动，使外表形成一层保护壳。蜣螂妈妈用它的两条后腿支在地上，两条前腿搭在粪球上，倒退着把小粪球向自己这边拉。而蜣螂爸爸在后面倒立着，用后腿踢粪球。它们推着推着就碰到了钟形罩的边缘，不过它们并不打算后退，甚至还想把粪球推到罩子上去。它们尝试了好多次都失败了，这才放弃。

最后，蜣螂妈妈看到粪球已经做好了，就跑去寻找理想的挖洞地点。而蜣螂爸爸则跷起两条后腿，紧紧抱住粪球。抱累了就玩起了杂技，用后腿把粪球踢得不停旋转。可以看出它是很得意的，因为这个圆滚滚又香喷喷的粪球，是它勤劳勇敢的证书。

为什么便便很臭

小朋友们可能都有一个疑问：为什么我们吃下去的东西是香香的，便便却很臭呢？就连小动物的便便也是这样。这是因为食物进入我们体内之后，会被分解成各种各样的物质。其中的营养物质被身体吸收，剩余的部分被分解，产生粪臭素、吲哚乙酸、氨等有味道的东西，所以当便便形成之后，就会散发出臭味。其中氨是一种有臭鸡蛋味的气体，当你吃了很多含有蛋白质的食物，比如鸡蛋、瘦肉、豆类，里面的蛋白质就会被分解出这种气体。

xī xù fú sī qiāng láng fù qīn de běn néng
西绪福斯蜣螂父亲的本能

sì hū zhǐ yǒu zài gāo jí dòng wù zhōng， xióng xìng cái
似乎只有在高级动物中，雄性才
bì xū jìn zì jǐ nà wéi rén fū、 wéi rén fù de yì
必须尽自己那为人夫、为人父的义
wù。 niǎo lèi zài zhè fāng miàn biǎo xiàn de fēi cháng chū sè，
务。鸟类在这方面表现得非常出色，
ér máo pí dòng wù yě zuò de háo bú xùn sè。 rán ér，
而毛皮动物也做得毫不逊色。然而，
jiào dī jí dòng wù de yì jiā zhī fù jiù méi yǒu zhè ge yì
较低级动物的一家之父就没有这个意
shí le， wǎng wǎng bú tài guān xīn hái zi de qíng kuàng。
识了，往往不太关心孩子的情况。

gèng duō de shí hou， kūn chóng mā ma cái shì qín láo
更多的时候，昆虫妈妈才是勤劳
néng gàn de nà yí gè。 kūn chóng bà ba wèi shén me bù zhī
能干的那一个。昆虫爸爸为什么不知
dào bāng bang qī zi ne？ bù zhī dào， kě tā jiù shì bú
道帮帮妻子呢？不知道，可它就是不

zhè me zuò tā wán quán néng qù bāng bang máng zhì shǎo kě yǐ
这么做。它完全能去帮帮忙，至少可以
tì kūn chóng mā ma dǎ da xià shǒu ma bāng néng gàn de qī zi
替昆虫妈妈打打下手嘛，帮能干的妻子
dì kuài zhuān sòng piàn wǎ shén me de yě xíng kě tā jiù shì
递块砖、送片瓦什么的也行，可它就是
bú gàn zhè jiù gèng jiā shǐ de wǒ men duì nà xiē shàn yú bǎi
不干。这就更加使得我们对那些善于摆
nòng fèn qiú de kūn chóng guā mù xiāng kàn le gè zhǒng shí fèn chóng
弄粪球的昆虫刮目相看了。各种食粪虫
dōu huì hù xiāng bāng zhù gòng tóng jiàn zào xīn jiā shí fèn chóng
都会互相帮助，共同建造新家，食粪虫
de měi hǎo pǐn dé zhēn de shì ràng rén dà fā gǎn kǎi ya
的美好品德真的是让人大发感慨呀。

bù dé bù shuō yí xià xī xù fú sī qiāng láng bà ba
不得不说一下西绪福斯蜣螂爸爸，
tā fēi cháng jìn zhí jìn zé tā huì gēn qī zi yì qǐ wā
它非常尽职尽责。它会跟妻子一起挖
dòng tā men yí gè zài fèn qiú xià miàn wā dòng yí gè zài
洞，它们一个在粪球下面挖洞，一个在
shàng miàn zhuā zhù fèn qiú fáng zhǐ fèn qiú gǔn luò xià qù zài
上面抓住粪球，防止粪球滚落下去。在
wā dào yí dìng shēn dù de shí hou qiāng láng bà ba què tū rán
挖到一定深度的时候，蜣螂爸爸却突然
pǎo le chū lái pā zài yì biān xiū xi le zhè shì wèi shén
跑了出来，趴在一边休息了。这是为什
me ne huò xǔ shì yīn wèi tā lèi le ba
么呢？或许是因为它累了吧。

xiàn zài ràng wǒ men lái guān chá yí xià tā men jiàn zào de
现在让我们来观察一下它们建造的

洞穴吧。原来这个洞穴既浅又窄，刚够蜣螂妈妈围着自己的杰作转动身子。这么一个小小的洞穴，蜣螂爸爸是根本进不去的。工作间已经造好，它就该抽身退去，让继续修饰粪球的妻子自由行动。怪不得它刚才突然离开了，原来是因为房子太小。可怜的蜣螂爸爸，辛辛

苦苦挖了半天，家里竟然连属于它的空间都没有！即使是这样，它也愿意为了宝宝去建造新家。

洞穴里容纳的只有一个光滑的小粪球，粪球里面住着西绪福斯蜣螂宝宝。蜣螂宝宝不需要爸爸妈妈照顾，它就在粪球里吃吃喝喝，偶尔还会开个天窗，把排泄物丢出来，然后再用剩余的排泄物把粪球天窗堵上。等到这个粪球快被吃空了，它也就可以弄破外壳，从里面出来了。

我的金属网钟形罩里有六对夫妻，一共为我提供了五十七个有虫卵的粪球。照这个数字计算下来，每对夫妻平均生出了九个左右的孩子，这

ge shù liàng shì hěn dà de shèng jiǎ chóng kě yuǎn yuǎn dá bú
个数量是很大的，圣甲虫可远远达不
dào zhè yì zhǐ biāo wèi shén me xī xù fú sī qiāng láng de
到这一指标。为什么西绪福斯蜣螂的
shēng yù néng lì zhè me qiáng wǒ rèn wéi zhè yǔ néng gàn
生育能力这么强？我认为，这与能干
de qiāng láng bà ba dà yǒu guān xì qiāng láng mā ma dú zì chéng
的蜣螂爸爸大有关系。蜣螂妈妈独自承
shòu bù liǎo de jiā wù láo dòng yóu fū qī shuāng fāng gòng tóng
受不了的家务劳动，由夫妻双方共同
chéng dān qǐ lái jiù bú huì jué de nà me lèi le
承担起来，就不会觉得那么累了。

人类的好朋友蜣螂

蜣螂除了能保护环境，清除动物粪便的污染，还能拿来治病。它身上那层坚硬的外壳富含甲壳素，可以提取壳聚糖，这种物质对身体很好，很多保健食品中都会添加它。虽然甲壳素在虾和螃蟹的壳里含量也很高，但质量不如蜣螂壳好。蜣螂本身也是一种很好的药材，能治很多种病。不过，我们当然不能抓野外那些脏兮兮的蜣螂来用，这些有用的蜣螂是人们养殖的。我们也不能去伤害野外的蜣螂，因为无论哪种生物都有它存在的意义，都是生态环境中重要的一分子。

yuè xíng qiāng láng
月形蜣螂

yuè xíng qiāng láng de shēn tǐ bǐ xī bān yá qiāng láng
月形蜣螂的身体比西班牙蜣螂

xiǎo duì qì hòu de yāo qiú yě méi yǒu hòu zhě nà me
小，对气候的要求也没有后者那么

gāo yuè xíng qiāng láng qián é yǒu jiǎo qián xiōng zhōng yāng yǒu
高。月形蜣螂前额有角，前胸中央有

liǎng céng xiǎo yuán chǐ zhuàng de dǐ jiǎ jiān bù yǒu gē jǐ máo
两层小圆齿状的骶岬，肩部有戈戟矛

tóu hé xīn yuè xíng shēn cáo kǒu wǒ jiā xiāng de huán jìng bìng
头和新月形深槽口。我家乡的环境并

bú shì hé tā men de shēng cún tā xǐ huan dāi zài kōng qì
不适合它们的生存，它喜欢待在空气

shī rùn de mù chǎng shàng zhè zhǒng dì fang niú yáng chéng qún
湿润的牧场上。这种地方牛羊成群，

niú de yìng fèn bǐng kě wèi tā men tí gōng fēng fù de
牛的硬粪饼可为它们提供丰富的

shí wù
食物。

我要怎么得到这种昆虫呢？我想起了我的女儿。我的女儿住在牧场，经常给我送一些我需要的昆虫，这帮了我的大忙。为了得到这些昆虫，她常常亲自去翻动牛粪、挖开泥土，一点儿也不怕脏。不得不说，她真是一个勇敢的女孩子啊。

在我女儿的帮助下，我现在已有六对月形蜣螂夫妇了，我把它们安置在一只鸟笼里，邻居家的母牛为它们提供了充足的牛粪饼。远离故乡的蜣螂们仿佛一点儿也不怀念自己的家乡，也丝毫没有因为远离家乡就不思饮食，它们在牛粪饼里勤奋地忙碌着。

六月中旬，我第一次对它们加以观察研究。我用刀一点一点地把泥土切成薄片，发现每对月形蜣螂都在沙土地里为自己建造了一个漂亮的厅堂。无论是埃及圣甲虫还是西班牙蜣螂，都没有向我展示过如此宽敞的厅堂。它直径长有十五厘米多，但天花板却很扁平，尖顶只有五六厘米。

房子内部的陈设也很精美，可与加马奇的婚房相媲美。这里有巴掌大小的圆面包，不太厚，轮廓不规则，这些小东西全都是它们心血来潮时的产物。

它们的家庭生活维持了这么久，证明了什么呢？证明了蜣螂爸爸也在积极地参加劳动。游手好闲、好吃懒做的家伙是不会留在这种地方的，它喜欢出去寻欢作乐。因此可以说，月形蜣螂爸爸十分勤劳，喜欢跟蜣螂妈

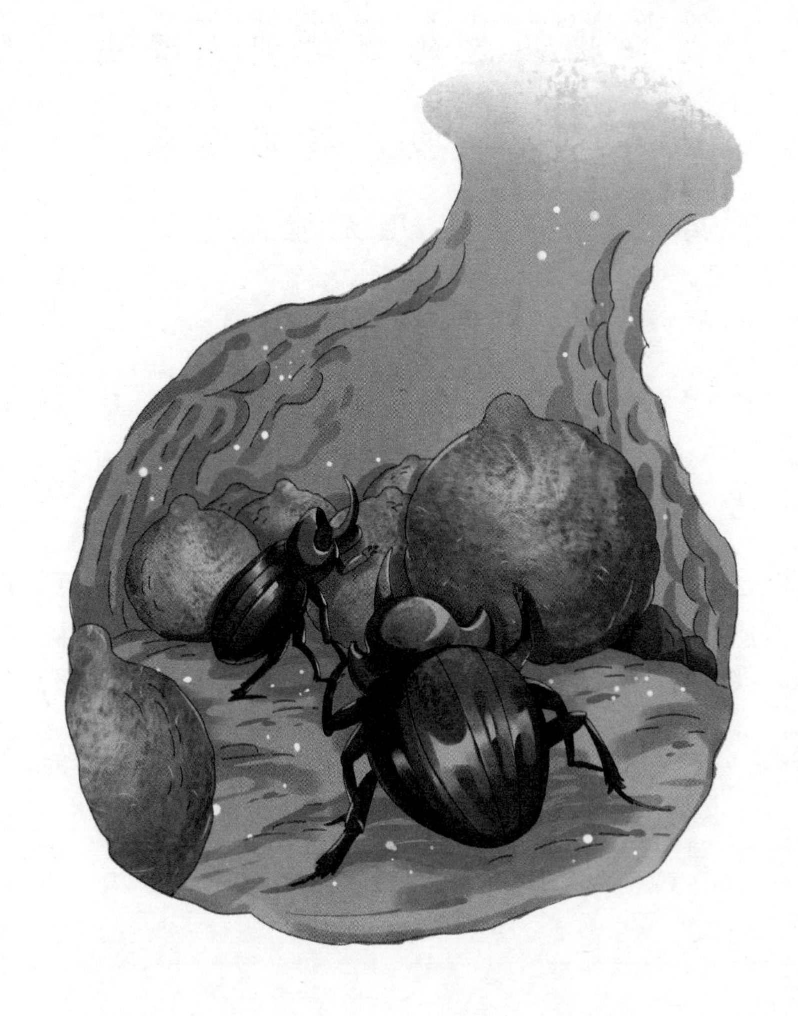

妈一起干活。

七月中旬，蜣螂妈妈身下多了很多小球。我在同一个小房间里清点了一下，有七八个。它们一个挨着一个，乳头状凸起的顶端朝上竖着。厅堂塞得满满当当的，这就像是一个装满了鸟蛋的鸟巢，几无空隙。

蜣螂的这些小球究竟是些什么呀？是包着卵的粪球。这些粪球就好像鸡蛋，里面有幼虫需要的营养物质，当幼虫破壳并开始发育，就可以吃粪球里那些软软的食物。蜣螂妈妈会一直守着它们，直到这些幼虫能够独立生活为止。

中国历史上的蜣螂

在中国古代，就有人开始关注蜣螂了。除了我们前面提到的那首诗，中国古书《尔雅翼》(宋代罗愿著)中还曾记载："蜣螂转丸，一前行以后足曳之，一自后而推致之，乃坎地纳丸，不数日有小蜣螂自其中出。"这几句话的意思是，两只蜣螂结伴推着粪球回到自己挖的洞穴里，过几天后，洞里就会爬出来一些小蜣螂。从这段文字中可以看出，作者的观察是非常细致的，对蜣螂推粪球的目的也很了解。

在一些古书中，蜣螂有各种好听的名字：蛣蜣(《尔雅》)，天社(《广雅》)，转丸、弄丸(崔豹《古今注》)，这可比它的俗称——"屎壳郎"文雅多啦！

勤劳的月形蜣螂爸爸

月形蜣螂爸爸会用爪子把牛粪饼切成小块儿，按幼虫所需的分量分开，但它会不会把分开的一小份揉捏成适合幼虫的小圆球？它会把自己全部的关怀与爱给予自己的幼虫吗？它会跟妻子一起抚育子女吗？

为了寻求这些问题的答案，我把一对月形蜣螂放进一个短颈大口瓶里，用纸盒子罩住，我在光亮处或是

黑暗处都能观察到。雄蜣螂遇到点惊扰，就像雌蜣螂一样爬到小球上。但是，当蜣螂妈妈用爪子的扁平部分磨光小球，对小球进行“听诊”的时候，蜣螂爸爸则是更加小心翼翼，显得十分胆小。

我简直没办法观察这位爸爸在干什么！虽然它经常跟蜣螂妈妈一起趴在小球上，但是每当我发出一点声音，或者把纸盒子掀开一点，这位爸爸就赶紧爬下小球，找个地方躲起来。

这位爸爸虽然不肯向我展示它的才能，但是，它能在卵球顶上出现，就很了不起了。对于一个游手好闲的虫来说，待在那上面是很不舒服的。我观察到的种种迹象都表明，它是在监护自己的宝贝。可以确定的是，蜣螂爸爸在跟蜣螂妈妈一起照看婴儿，照料家庭。

蜣螂爸爸的这种奉献精神促使这

个种族在数量上日益增加。在只有妈妈居住的西班牙蜣螂庄园里，最多只有四只幼虫，往往是两三只，有时甚至只有一只。如果再多一些，西班牙蜣螂妈妈可能就照顾不了啦。而在父母亲共住的月形蜣螂的庄园里，有多达八只幼虫，比前者的数量多了一倍。从这一点来看，勤劳忠贞的月形蜣螂爸爸功不可没。

但是，除了上面这一点之外，家族的兴旺发达还必须有一个条件。没有这个条件，光凭夫妻二人的共同努力是不够的。首先，要保持家庭的兴旺发达，就必须拥有养儿育女所必需的食物。月形蜣螂与一般的食粪虫不一样，它是在另外的一种环境之中生产劳动的。它所居住的地区使它能够获得牛粪圆面包。这种面包比羊粪小面包大得多，可以说是一个取之不尽、用之不竭的大粮仓，足以满足其子孙后代繁衍兴旺之所需。而且，它的住所比较宽敞，为人丁兴旺创造了条件。而西班牙蜣螂的住所与之相比，就是小巫见大巫了。

招聘蜣螂

臭烘烘的蜣螂人见人躲，但是曾经的澳大利亚人非常欢迎他们去做客，甚至在全球招聘蜣螂。这是为什么呢？因为澳大利亚的草原广阔，畜牧业很发达，每天都会产生无数的牛羊粪便。这些粪便会引来大量的苍蝇繁殖，而苍蝇会到处乱飞传播疾病。因为粪便过多，这些苍蝇简直铺天盖地，导致澳大利亚的露天咖啡馆都开不下去了。那能不能等苍蝇吃光这些粪便呢？不行的，苍蝇胃口太小，如果等一摊粪便被苍蝇和细菌完全吃光，至少需要三年时间。可令人头疼的是，澳大利亚本地的蜣螂不喜欢吃粗粗的牛羊粪便，更喜欢细腻的袋鼠粪便，也不会滚粪球。因此在 1965 年，澳大利亚成立了蜣螂项目，从世界各地招聘蜣螂去帮助解决粪便问题。这个项目听起来有点离谱，但效果十分好，来自全球的 35 种蜣螂在澳大利亚安了家，并且有效解决了粪便污染的问题。

侧裸蜣螂

侧裸蜣螂是一类跟圣甲虫习性差不多的蜣螂，虽然它很普通，但我们有必要了解一下它。

它为什么叫这个名字呢？因为它的鞘翅边缘有缺口，露出了一部分胸部。这种昆虫喜欢待在法国南部，在我家附近就有很多。

它和圣甲虫一样，都在五月开始出没，并且都喜欢吃粪便。我经常看到圣甲虫和侧裸蜣螂坐在同一堆食物旁边就餐，这样的事情并不少见。侧裸蜣螂有两种，一种是鞘翅光滑的墨侧裸蜣螂，一种是鞘翅有些粗糙的鞭毛侧裸蜣螂。它们的体型都比圣甲虫小很多，胆子也更小。一旦感觉周围可能有危险，侧裸蜣螂就一溜烟地逃走了，而圣甲虫完全不在乎，依然会自顾自地干活。

我抓来一些侧裸蜣螂放在笼子里，发现它们无论身在何处，都只喜欢就地享用美食，不会为自己制作粪球面包。只有在产卵的时候，侧裸蜣螂才会做个粪球，不过它不是为了自己，而是为了那未出生的宝宝。侧裸蜣螂妈妈是怎么做粪球的呢？它先在食物旁边提取出一些适合做粪球的材料，做好粪球，再把它滚到地洞里去。这时粪球里是没有卵的，我挖开一个侧裸蜣螂的窝，那里已经堆积了很多粪球，蜣螂妈妈还在劳作。窝里的粪球形状和大小很像麻雀蛋，而那些已经有了卵的粪球一端有椭圆凸起，或者像圣甲虫的粪球那样呈梨形。我想，这粪球上的凸起是侧裸蜣螂妈妈自己捏出来的，并不是滚动形成的。跟圣甲虫一样，侧裸蜣螂的卵也在凸起的那个小室里。

约一星期后，侧裸蜣螂幼虫孵化了。它的幼虫胖胖的，弯着身子，尾

bù xiàng yí gè mǒ dāo xiǎo jiā huo yì chū shēng jiù kāi shǐ
部像一个抹刀。小家伙一出生就开始
chī fèn qiú lǐ de shí wù zài lǐ miàn guò de shí fēn kuài
吃粪球里的食物，在里面过得十分快
huo yí dàn fèn qiú pò le yí gè kǒu xiǎo jiā huo jiù
活。一旦粪球破了一个口，小家伙就
huì tái qǐ mǒ dāo yòng zì jǐ de fèn biàn bǎ liè fèng dǔ
会抬起抹刀，用自己的粪便把裂缝堵
zhù dòng zuò shí fēn xùn sù wèi shén me tā zhè yàng gān
住，动作十分迅速。为什么它这样干
cuì lì luo yīn wèi fèn qiú chū xiàn liè fèng duì tā lái shuō
脆利落？因为粪球出现裂缝对它来说
shì hěn wēi xiǎn de shì qing yí dàn kōng qì jìn rù fèn
是很危险的事情，一旦空气进入粪
qiú jiù huì bǎ tā de shí wù fēng gān zhè yàng tā jiù
球，就会把它的食物风干，这样它就
huì è sǐ
会饿死。

cè luǒ qiāng láng mā ma xiàn zài zài nǎ lǐ zhè wèi
侧裸蜣螂妈妈现在在哪里？这位
mā ma zài chǎn luǎn de shí hou shí fēn yòng xīn de zhì zuò fèn
妈妈在产卵的时候十分用心地制作粪
qiú kě shì zài chǎn luǎn zhī hòu jiù yì diǎnr yě bù
球，可是在产卵之后，就一点儿也不
guān xīn bǎo bao le rèn yóu bǎo bao zì shēng zì miè yīn
关心宝宝了，任由宝宝自生自灭。因
cǐ cè luǒ qiāng láng yòu chóng bù dé bù zhǎng wò kuài sù xiū
此，侧裸蜣螂幼虫不得不掌握快速修
qiáng de jì shù fǒu zé jiù huì yǒu shēng mìng wēi xiǎn
墙的技术，否则就会有生命危险。

侧裸蜣螂

侧裸蜣螂在中国也有分布，是一种常见的食粪虫。它体长约 1 ~ 2 厘米，全身是黑色的，胆子还有点儿小，受到惊吓时会集体飞走，飞行速度很快。它的飞行方式也很奇特，飞行时并不会打开鞘翅，而是从鞘翅的下面伸出翅膀。它还有一个名字叫北方蜣螂，分布在欧洲南部，中国东北、河北、山东、内蒙古、新疆、江苏、浙江等地。只要是有大片草地和小动物的地方，它都很喜欢去。

第四部分

飞来飞去的讨厌鬼

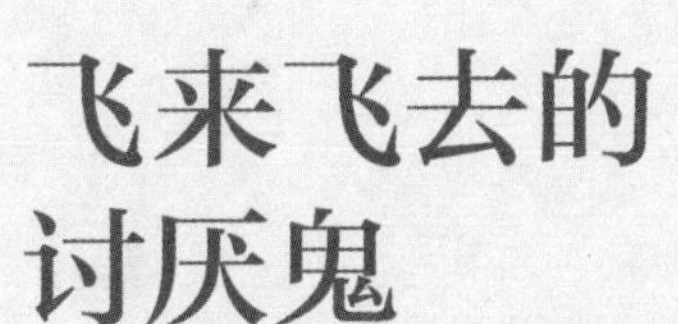

一到夏天，臭烘烘的垃圾桶边就会出现一群苍蝇。这些家伙很讨厌，有时也会飞到家里来，打扰我们的午休，甚至弄脏我们的食物，传播疾病。苍蝇这个讨厌鬼从哪里来？它的天敌是谁？这些有关苍蝇的秘密，全都藏在这一部分里。

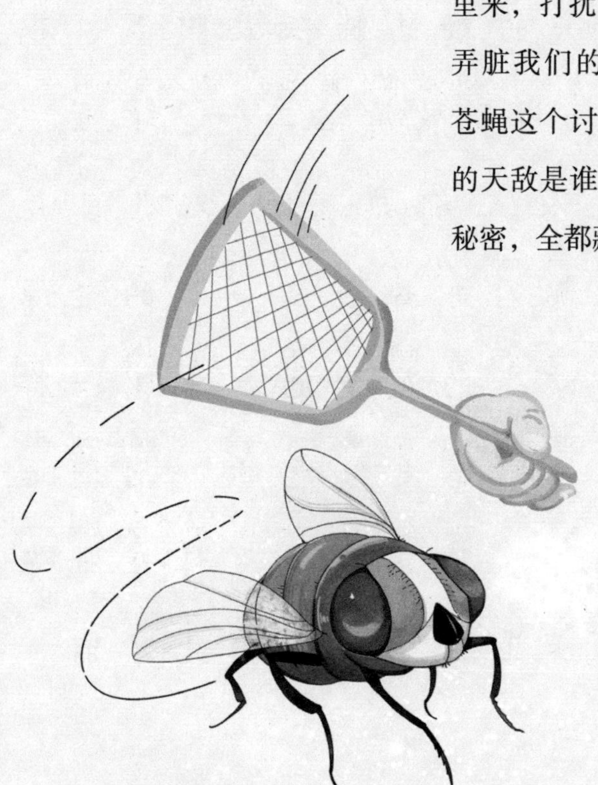

lǜ yíng
绿蝇

yì zhī sǐ qù de yǎn shǔ tǎng zài tài yáng xià hěn
一只死去的鼹鼠躺在太阳下，很
kuài jiù zhāo lái le yì qún gāo xiào qīng jié gōng lǜ yíng
快就招来了一群高效清洁工——绿蝇。

lǜ yíng shì rén rén dōu shú xi de shuāng chì mù kūn
绿蝇是人人都熟悉的双翅目昆
chóng tā quán shēn dōu shǎn shuò zhe jīn shǔ yì bān de jīn lǜ
虫，它全身都闪烁着金属一般的金绿
sè guāng zé gēn piào liang de huā jīn guī jí dīng yí yàng
色光泽，跟漂亮的花金龟、吉丁一样
hǎo kàn tā men de yǎn jing shì hóng sè de zhōu wéi hái
好看。它们的眼睛是红色的，周围还
xiāng zhe yì quān yín biān suī rán tā shì fēi wǔ zài zāng dōng
镶着一圈银边。虽然它是飞舞在脏东
xi zhōu wéi de qīng jié gōng dàn wài biǎo rú cǐ huá lì
西周围的清洁工，但外表如此华丽，
zhēn jiào rén dà chī yì jīng
真叫人大吃一惊。

绿蝇在鼹鼠尸体上找到一片鼓胀起来的肚皮，那肚皮下面的空间刚好可以让它们产卵。绿蝇一次就可以产下一百多枚，一天要产卵很多次。这些绿蝇从不争抢打斗，甚至可以结伴在一处产卵，好像那片宝地就是它们的公用产房。一只绿蝇产卵完毕，另一只绿蝇就飞过来，继续产卵。它们不停地在鼹鼠身上飞来飞去，产下了很多卵，有时候觉得累了，就去吃几口肉汤。这些卵并不是全部都能成活，在绿蝇产卵的时候，成群的蚂蚁会来到这里，叼走这些卵。可是绿蝇妈妈并不理睬这些蚂蚁强盗，它心里清楚，自己的肚子里有的是卵，不用在乎这一点小损失。

绿蝇的卵长约1毫米，表面很光滑，24小时就可以孵化。它们怎么吃东西呢？观察那些肥胖的蛆虫，可以发现它们的一端有两个棕红色的点。其实那是它尾部的气孔，并不是口器。它真正的口器在另一端，是两个黑色的小针，时而伸出去，时而缩回来。这两个小针能帮助蛆虫活动，还可以分泌一种蛋白酶，把肉分解成液体，让蛆虫吸食。我是怎样发现这一点的呢？我把一块肉上面的水分擦干，然后把它放进装有蛆虫的试管里，不久后，这块肉就变成了肉汤。为了证明蛆虫分泌的物质是蛋白酶，我又用熟鸡蛋白和鹰嘴豆蛋白做了实验，结果也是一样的。可不要以为这些东西是腐烂了才变成液体，我在另一个干净试管里放了同样的东西，它们腐烂后没有变成液体。

虽然绿蝇有些令人讨厌，但是它的蛆虫可以快速地把动物遗骸分解成蛋白液，不但帮助大自然清理了垃圾，剩余的蛋白液还可以渗入大地，成为植物们的养料。可见，大自然中的每一个物种都有它自己的职责，不应该轻易杀掉它们。

总之，蛆虫就像这个世界上的一种能量转换器，它最大限度地将死者的遗骸转化为养料，归还给大自然，

ràng zhí wù lài yǐ shēng zhǎng de tǔ dì biàn chéng wò tǔ
让植物赖以生长的土地变成沃土。

爱吃肉的绿蝇

绿蝇这个家伙并不罕见，在中国，它还有一个更好玩的名字——绿豆蝇。为什么要叫这个名字呢？因为它的肚子圆圆的，就像一颗绿豆。绿蝇的繁殖能力十分惊人，雌性绿蝇只要跟雄性交配一次，就可以终生产卵。一只雌性绿蝇一生可以产卵近千枚，这些卵会快速孵化、成长，最后变成成年绿蝇。因此，绿蝇在一年中可以繁殖 10 ~ 12 代，速度十分惊人。这家伙可不只吃腐肉，它们有时也会在羊的皮肤上产卵，钻进健康组织，导致羊出现蝇蛆病。更可怕的是，如果人类不小心受伤，且没有及时处理伤口，绿蝇也会在人的伤口上产卵。

má yíng
麻蝇

chú le lǜ yíng hái yǒu yì zhǒng xǐ huan chī fǔ ròu
除了绿蝇，还有一种喜欢吃腐肉
de cāng ying xué míng jiào má yíng sú chēng ròu huī yíng
的苍蝇，学名叫麻蝇，俗称肉灰蝇。

má yíng chuān zhe huī sè de yī fu shàng miàn hái yǒu
麻蝇穿着灰色的衣服，上面还有
hè sè de tiáo wén bèi bù yǒu yín sè guāng diǎn tā de
褐色的条纹，背部有银色光点。它的
yǎn jing xuè hóng xuè hóng de shǎn zhe xiōng guāng tā de tǐ
眼睛血红血红的，闪着凶光。它的体
xíng bǐ lǜ yíng dà yì xiē bú guò shēng huó xí xìng yǔ lǜ
型比绿蝇大一些，不过生活习性与绿
yíng chà bù duō
蝇差不多。

lǜ yíng dǎn xiǎo cóng lái bú dào rén lèi de jiā lǐ
绿蝇胆小，从来不到人类的家里
zuò kè zhǐ gǎn zài tài yáng xià láo dòng má yíng dǎn zi
做客，只敢在太阳下劳动。麻蝇胆子

大些，偶尔也会到屋里来找东西吃。麻蝇喜欢吃的东西很多，有蜂类昆虫的尸体、煮熟的鸡蛋白、蚕的尸体，甚至连鹰嘴豆泥都可以满足它。

不过，麻蝇最喜欢的还是动物尸体。我在一个沙罐里放了一条死去的游蛇，麻蝇每天都飞来品尝一下，看看这条游蛇的腐烂程度。当腐肉让它感到满意时，它就会在这里生下宝宝。跟绿蝇不同的是，麻蝇产下的不是卵，而是活的蛆虫。这些蛆虫刚出生，就在腐肉上开始了它们的劳动。这些蛆虫的数量不多，它们只是一支小分队的全部成员，麻蝇妈妈的肚子里还有很多个小分队等待出生呢。如果解剖一只雌性麻蝇，我们就会发现，麻蝇的肚子里有一条螺旋形带子，里面装满了蛆虫，每只蛆虫的身上还裹着一层膜。据统计，一只麻蝇妈妈的肚子里大约有两万个蛆虫呢。

麻蝇的蛆虫很健壮，和绿蝇蛆虫不同的是，麻蝇蛆虫的气孔上有类似盖子的物体。当它淹没在肉汤中，这个盖子就会关闭，不至于被肉汤堵塞。因此，麻蝇蛆虫可以把自己淹没在肉汤里迅速工作，绿蝇幼虫只能借助支撑物，防止自己掉进很深的肉汤里。

等麻蝇蛆虫长好了身体，就会钻进土里，化成一个蛹。它们会选择疏松的沙土进行挖掘，挖到一定深度时就会把自己封闭起来。它们需要黑暗的环境，如果这时有一道光线射进来，会让它们感到不安。

刚从蛹壳中出来的麻蝇长得很奇特，它的脑袋上长了一个大大的包，里面有液体在流动。这是麻蝇的储藏室，用来存放它的血，还可以帮助它顶开泥土，从地下爬上来。此时麻蝇的翅膀又短又小，像个破布条。等它钻出泥土，来到地面上以后，这对翅膀才会长大。终于，麻蝇来到了地面上，它仔细地用爪子刷洗着身体，把灰尘都清理掉。特别是头顶的鼓包更要清理干净，因为这个鼓包最终要收

huí tā de nǎo dai lǐ qù　zuò wán zhè yí qiè hòu　má
回它的脑袋里去。做完这一切后，麻

yíng de chì bǎng yě zhǎng hǎo le　bù jiǔ zhī hòu tā jiù kě
蝇的翅膀也长好了，不久之后它就可

yǐ qù xún zhǎo fǔ ròu　yǔ tā de tóng bàn men jiàn miàn
以去寻找腐肉，与它的同伴们见面。

麻蝇为什么是害虫

麻蝇虽然可以清理大自然中的垃圾，但对人类来说可不是什么好伙伴。因为麻蝇喜欢在肮脏的环境中生活，所以它的身上携带了大量的病菌，一旦它接触人类的餐具、食物，就有可能传播疾病。假如一只麻蝇落在有传染病的动物身上，病菌就会跟上麻蝇；如果这时麻蝇再降落在适合病菌繁殖的地方，那可就糟糕了。因此，在麻蝇繁殖的夏季，人们会采取各种手段防止麻蝇进屋。如果发现食物被麻蝇光顾过，应该立即扔掉，不可以继续食用。可是，麻蝇自己却很少生病，因为这些病菌只对人类有害，不会让麻蝇得病。

反吐丽蝇

反吐丽蝇也是勤恳的双翅目清道夫，相信你一定见过它。

反吐丽蝇体型很大，身体是深蓝色的。它喜欢飞到人类的家里去，在餐具橱里干坏事，或者停在玻璃窗上嗡嗡叫。反吐丽蝇很怕冷，在秋天和冬天，我们偶尔可以看到它们飞进屋里取暖。早春二月开始，野外的反吐丽蝇就趴在墙上晒太阳了。整个春季，反吐丽蝇都在野外度过，以花蜜

wéi shí zhí dào qiū jì cái chuǎng rù wǒ men de jiā tā
为食，直到秋季才闯入我们的家。它
men shì cóng nǎ lǐ lái de ne tā men yǒu shén me dú tè
们是从哪里来的呢？它们有什么独特
de jì qiǎo zhè zhèng shì wǒ yào yán jiū de yú shì
的技巧？这正是我要研究的。于是，
wǒ ràng wǒ de jiā rén men zhuā zhù nà xiē bú sù zhī kè jiāo
我让我的家人们抓住那些不速之客交
gěi wǒ wǒ bǎ tā men guān le qǐ lái
给我，我把它们关了起来。

wǒ wèi jí jiāng chǎn luǎn de fǎn tǔ lì yíng tí gōng le
我为即将产卵的反吐丽蝇提供了
yì zhī niǎo de shī tǐ tā hěn xǐ huan zài xiǎo niǎo shēn
一只鸟的尸体。它很喜欢，在小鸟身
shàng lái huí chá kàn le yì fān rán hòu zài xiǎo niǎo āo xiàn
上来回查看了一番，然后在小鸟凹陷
de yǎn jing páng biān chǎn xià le luǎn guò le yí huìr tā
的眼睛旁边产下了卵。过了一会儿，它
yòu huàn le gè dì fang jì xù chǎn luǎn zhè yàng de shì
又换了个地方，继续产卵，这样的事
qing chóng fù le hěn duō cì dì èr tiān zhè zhī fǎn tǔ
情重复了很多次。第二天，这只反吐
lì yíng méi yǒu huí dào xiǎo niǎo shēn biān yuán lái tā wán chéng
丽蝇没有回到小鸟身边，原来它完成
rèn wu yǐ jīng sǐ qù le tā chǎn xià de luǎn bìng méi
任务，已经死去了。它产下的卵并没
yǒu biàn bù xiǎo niǎo quán shēn ér shì jí zhōng zài niǎo de yǎn
有遍布小鸟全身，而是集中在鸟的眼
jing hóu lóng shé xià shù liàng hěn duō chú le zhè
睛、喉咙、舌下，数量很多。除了这

些地方，反吐丽蝇还喜欢在动物的伤口上产卵。即使伤口并不明显，反吐丽蝇也可以用它那细细的脚四处拍拍，准确地找到伤口。

为什么它要这么做呢？因为反吐丽蝇的蛆虫喜欢黑暗的环境，如果把卵生在坚硬的皮毛表面，蛆虫就找不到可以藏身的场所了。在炎热的季节，反吐丽蝇的蛆虫只要两天就可以孵化出来。它们的嘴巴上有两根平行的小棍，学名叫口钩，可以帮助它们移动，还可以刺破肉的表皮，让蛆虫钻到里面。

反吐丽蝇的蛆虫同样可以分泌出蛋白酶，这些蛋白酶可以把肉、熟蛋白等食物变成液体。可是，这样的蛋白酶对脂肪却不起作用。我用黄油、新鲜肥肉做了实验，发现趴在这两种东西上的蛆虫很快就饿死了。这证实了我的猜测——反吐丽蝇的蛆虫分泌的物质是蛋白酶，它只对蛋白质起作用，没办法溶解脂肪。

虽然反吐丽蝇经常飞进我们的家里，带来很多麻烦，但是它们是大自然中的重要角色。我们人类死亡时，通常可以埋在地下，可是动物却不一样。当动物的尸体散发出臭气，开始污染周围的环境时，昆虫清道夫们就出现了，它们会把环境重新变得干净整洁。

关于苍蝇的歇后语

瞎子吃苍蝇——眼不见为净

狮子头上逮苍蝇——胆子不小

牛尾拍苍蝇——碰巧

大炮轰苍蝇——小题大做

苍蝇洗脸——假干净

见了苍蝇都想扯条腿——贪得无厌